➡36ページを見よう
JN080766

# ピーマン・オクラの

# そだて方カレンダー

ピーマンとオクラは4月から5月の間になえをうえると、6月のおわりくらいからみをしゅうかくできます。じょうずにせわをすれば、10月までみがつきます。

みの大きさを見て
しゅうかくするんじゃ

| 4月 | 5月 | 6月 | 7月 | 8月 | 9月 | 10月 |
|---|---|---|---|---|---|---|

**ピーマン**

なえをうえる
12ページを見よう

わきめをとる
19ページを見よう

花がさく

みがつく

ひりょうをやる
21ページを見よう

しゅうかくする
24ページを見よう

**オクラ**

なえをうえる
26ページを見よう

花がさく

みがつく

ひりょうをやる
27ページを見よう

しゅうかくする
28ページを見よう

※このカレンダーは目やすです。天気や地いきによってちがうことがあります。

# ピーマン・オクラをそだてるには どんなじゅんびがいるのかな？

## ピーマンのなえ

たねからそだてて、少しそだったもの

## オクラのなえ

たねからそだてて、少しそだったもの

## プランター

ピーマン オクラ

植物をうえる入れもののこと。アサガオをうえたプランターをつかってもいいね。

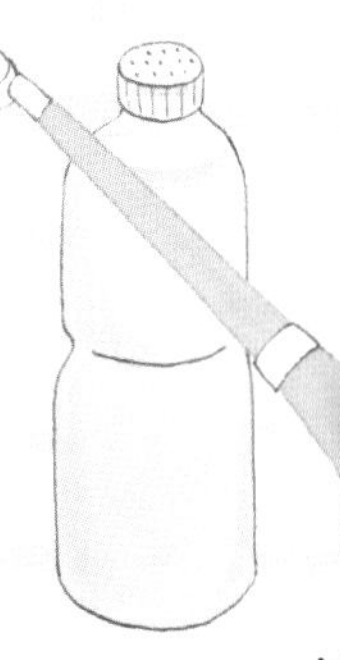

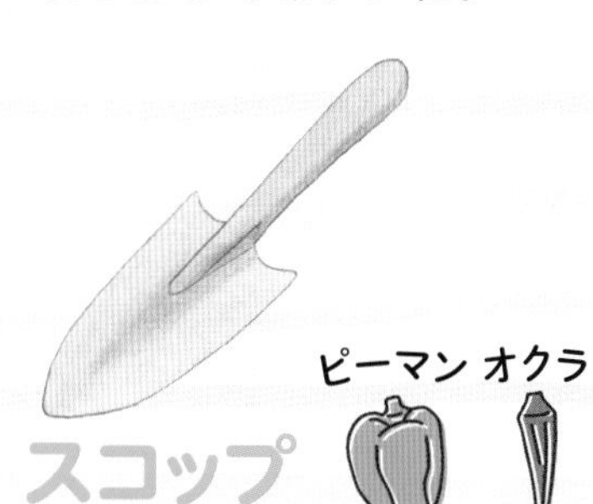

## スコップ

ピーマン オクラ

土をすくうのにつかう。

## ばいよう土

ピーマン オクラ

よくそだつように、ひりょうなどが入っている土。やさい用をつかおう。

## じょうろ

ピーマン オクラ

水やりにつかう。ペットボトルのふたに小さなあなをあけたものでもいいよ。

# ピーマンがそだつまで

どんなふうにそだつのかな？　どんなせわをすればいいのかな？

**スタート！ 1日目**

**うえてから 3〜4週間くらい**

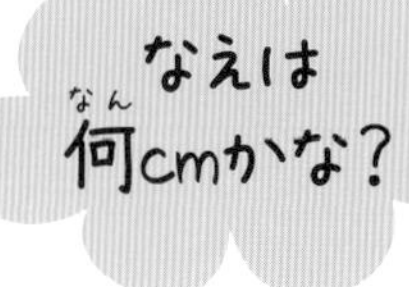

はっぱやくきは
どんなようすかな？

ポットに入ったなえを
プランターやはたけに
うえかえよう

15〜20cmくらい

かりしちゅうを
立てよう

15〜20cmくらい

30〜40cmに
なったら
かりしちゅうを
はずして
しちゅうを立て、
ひもでくきを
しちゅうに
むすぼう

白い花が
さいたね

30〜40cmくらい

しちゅう

さいしょに
さいた花の
下にある
わきめは、
ぜんぶ手で
つみとろう

## なえをうえよう

12ページを見よう

## かりしちゅうの立て方

15ページを見よう

## 花がさいた

16ページを見よう

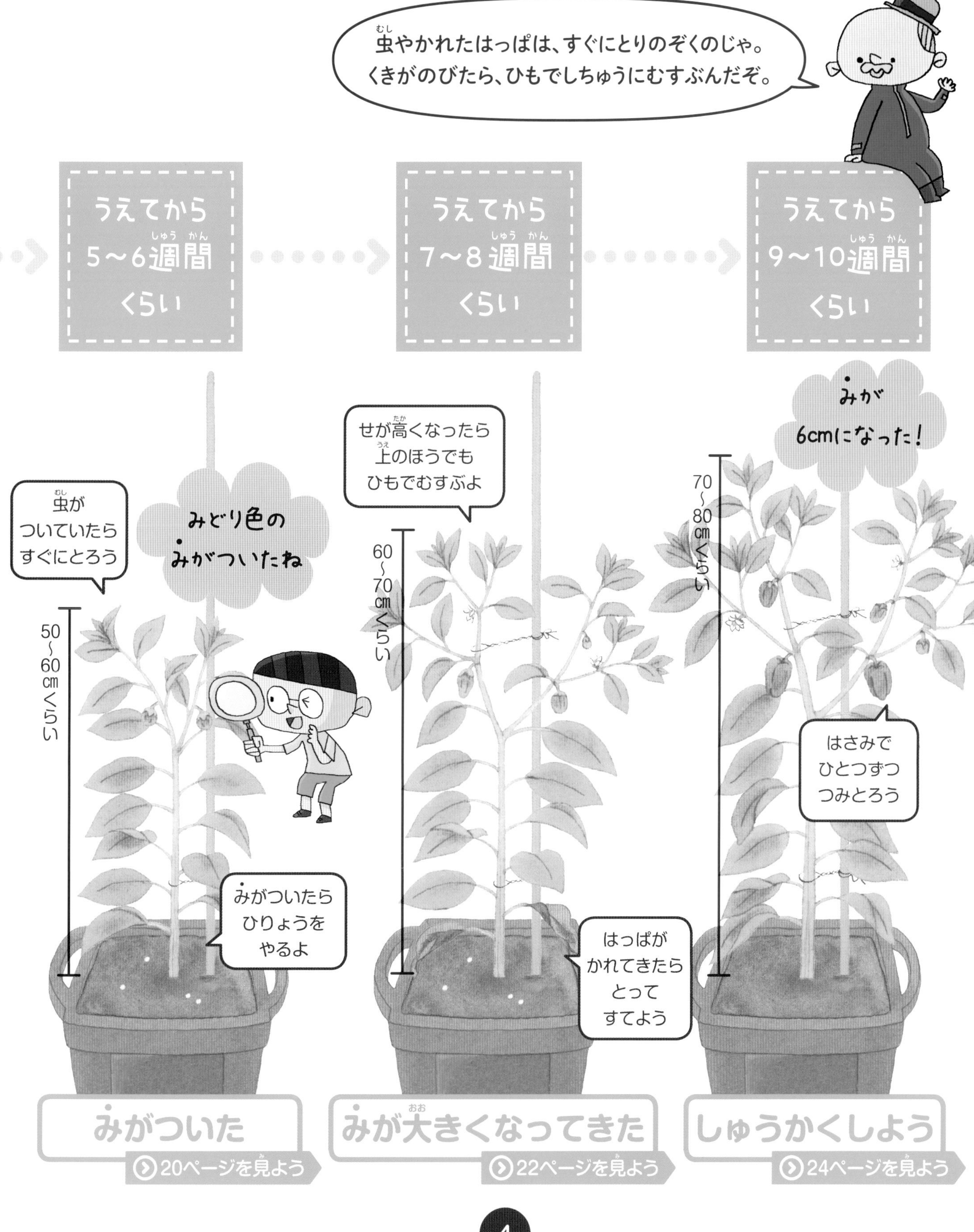

虫やかれたはっぱは、すぐにとりのぞくのじゃ。
くきがのびたら、ひもでしちゅうにむすぶんだぞ。
うえてから 5〜6週間 くらい
うえてから 7〜8週間 くらい
うえてから 9〜10週間 くらい
虫が ついていたら すぐにとろう
みどり色の みがついたね
50〜60cmくらい
みがついたら ひりょうを やるよ
せが高くなったら 上のほうでも ひもでむすぶよ
60〜70cmくらい
はっぱが かれてきたら とって すてよう
みが 6cmになった！
70〜80cmくらい
はさみで ひとつずつ つみとろう
みがついた
20ページを見よう
みが大きくなってきた
22ページを見よう
しゅうかくしよう
24ページを見よう

毎日かんさつ！ ぐんぐんそだつ

# はじめてのやさいづくり

## ④ピーマン・オクラをそだてよう

監修：塚越 覚
（千葉大学環境健康フィールド科学センター准教授）

ピーマン

## しちゅう

せが高くのびるやさいをそだてるときにつかう。ピーマンでは150cmくらいのものがいい。みじかくて細いしちゅうは、「かりしちゅう」につかう。

なえや道具は、ホームセンターなどで手に入るぞ

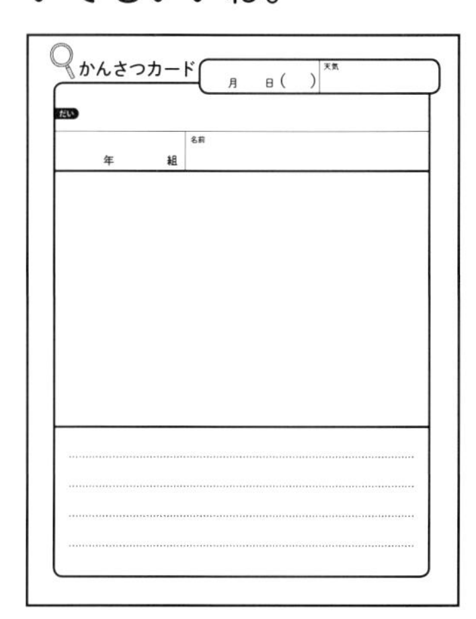

ピーマン

## ひも

ピーマンのくきを、しちゅうにむすびつけるのにつかう。

ピーマン オクラ

## ひりょう

土にまくやさいのえいよう。やさいに必要な成分が入っている。

## かんさつのじゅんびもわすれずに

### ●かんさつカード

さいしょはメモ用紙にかいてもいいね。

かんさつカード　月　日(　)　天気

だい

年　組　名前

@この本のさいごにあるので、コピーしてつかおう。

### ●ひっきようぐ

絵をかくための色えんぴつも用意しよう。

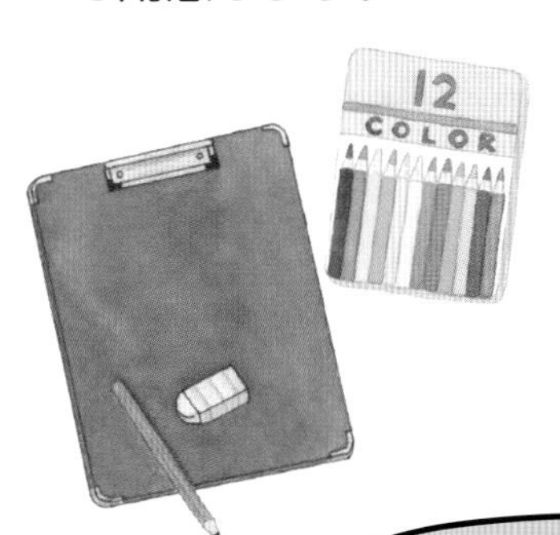


### ●じょうぎやメジャー

長さや大きさをはかるのにつかう。虫めがねもあるといいね。

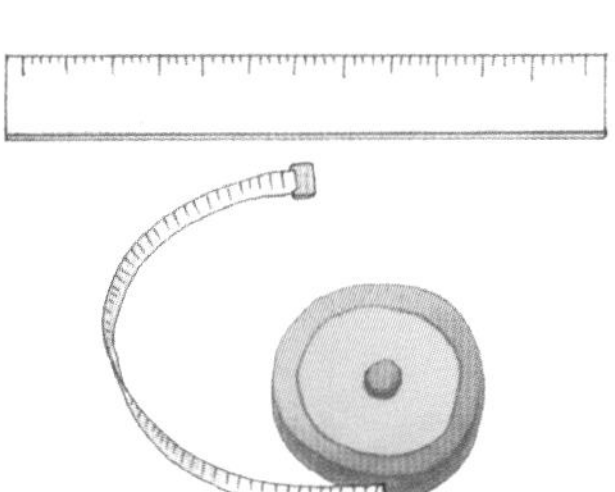

外から帰ったら手あらい、うがいをわすれずに!

## うえてから5～6週目くらい

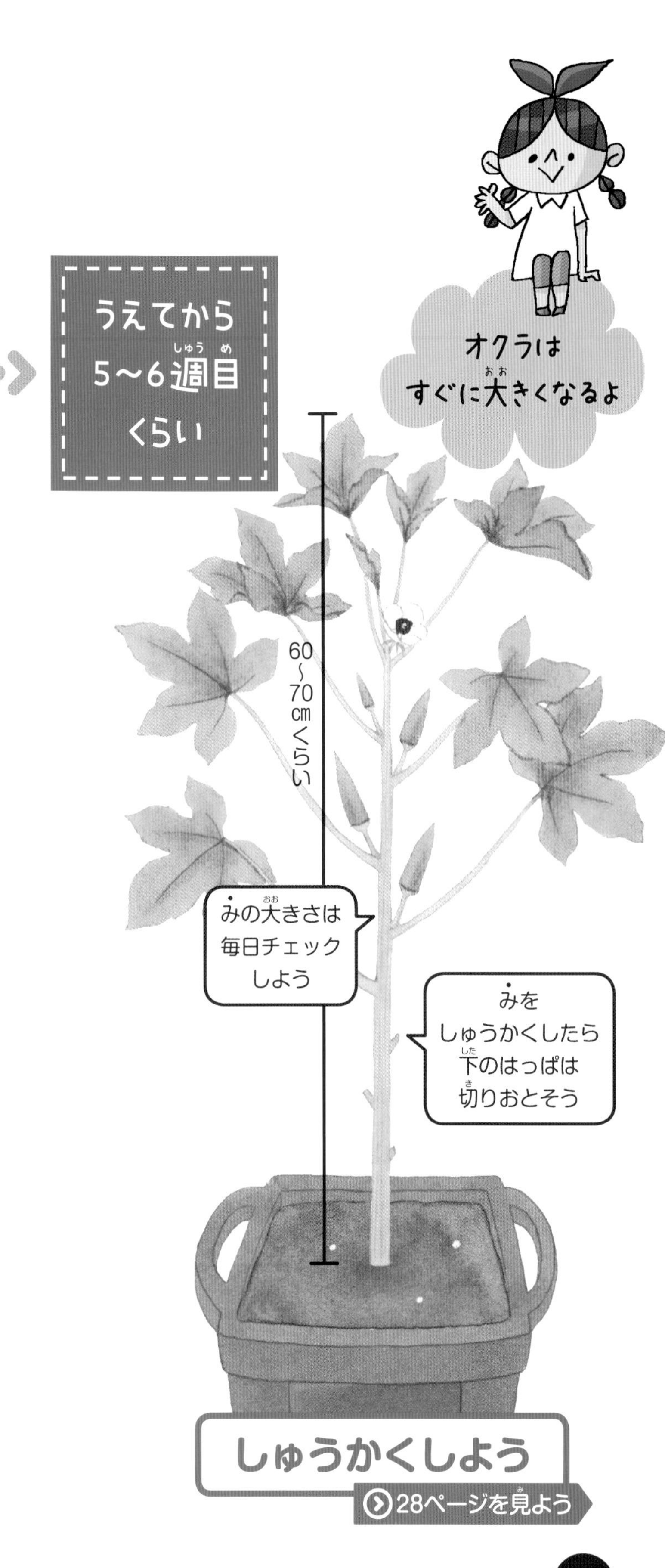


## しゅうかくしよう

28ページを見よう

## おぼえておこう!

### 植物の部分の名前

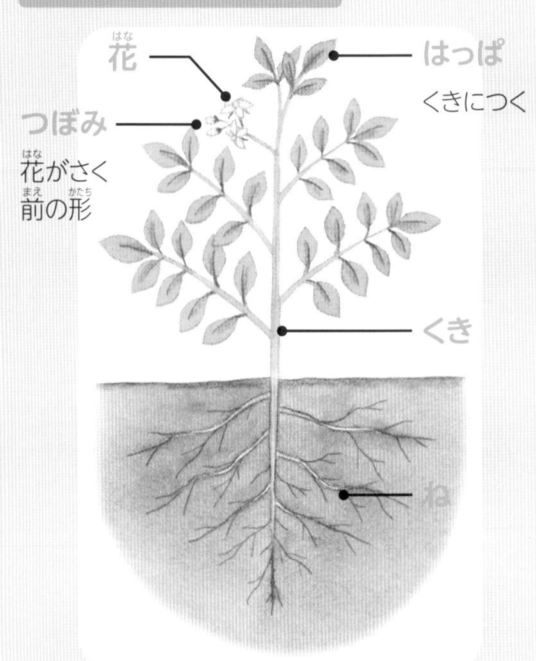


### 花の部分の名前

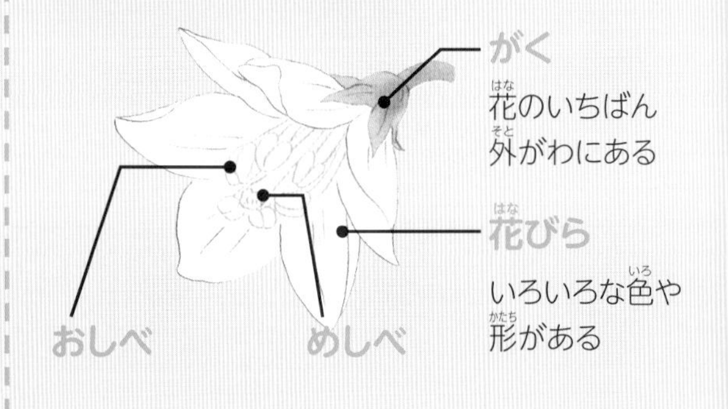

## くらべてみよう!

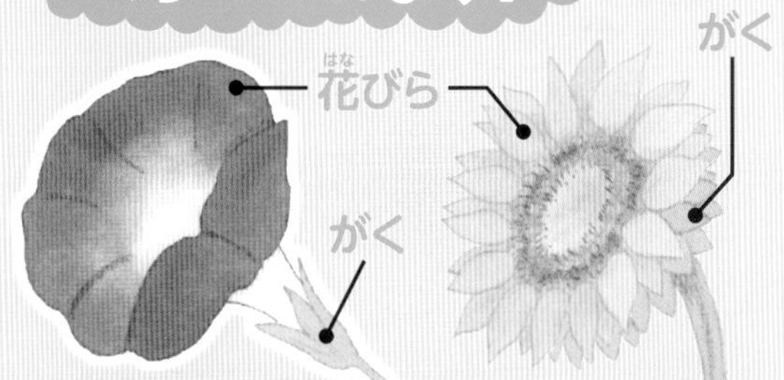


アサガオの花　ヒマワリの花

# オクラがそだつまで

どんなふうにそだつのかな？　どんなせわをすればいいのかな？

スタート！
1日目

はっぱの
ようすを
見てみよう

ポットに入ったなえを
プランターやはたけに
うえかえよう
15〜20㎝くらい

## なえをうえよう

26ページを見よう

うえてから
4〜5週目
くらい

虫が
ついていたら
すぐにとろう
朝にさいて
夕方には
しぼむよ
50〜60㎝くらい
花がさいたら
ひりょうを
やるよ

## 花がさいた

27ページを見よう

# この本のつかい方

この本では、ピーマン・オクラのそだて方と、かんさつの方法をしょうかいしています。

**●ピーマン・オクラがそだつまで**：そだて方のながれやポイントがひと目でわかるよ。

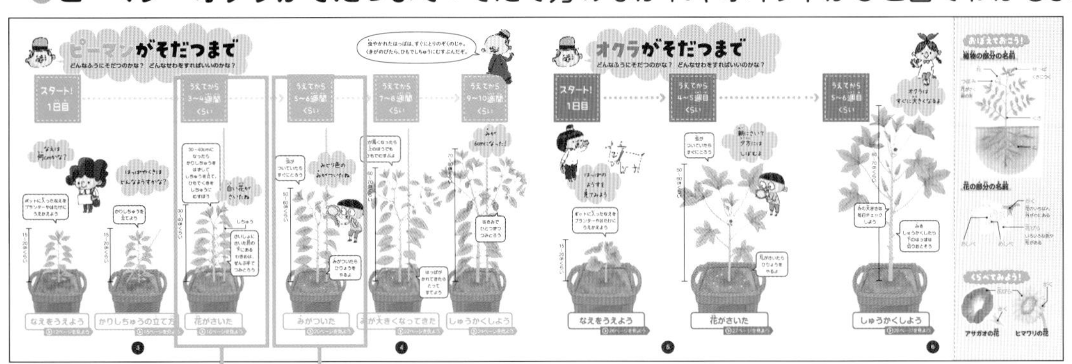


この本のさいしょ（3ページから6ページ）にある、よこに長いページだよ。

**●ピーマンをそだてよう**：そだて方やかんさつのポイントをくわしく説明しているよ。

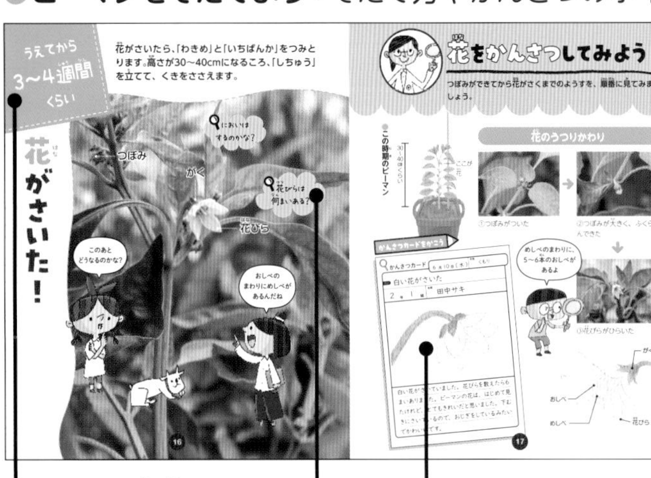

やさいをそだてるときに、どこを見ればいいか教えてくれるよ。

やさい名人のページ

やさいをそだてるときのポイントや、しっぱいしないコツを教えてくれるよ。

うえてからの日数

だいたいの目やす。天気や気温などで、かわることもあるよ。

かんさつカードをかくときの参考にしよう。

かんさつポイント

かんさつするときに参考にしよう。

ピーマンのしゃしん

なえやくき、はっぱ、花、みのようすを、大きな写真でかくにんしよう。

そだて方の説明

# もくじ

# どんなせわをすればいいのかな？

**ピーマン・オクラをそだてるときにすることを頭に入れておこう。**

## 毎日ようすを見る

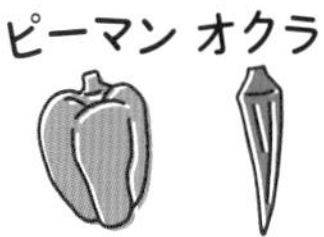


- 土がかわいていたり、はっぱがぐったりしていたら、水をやる
- 虫やざっ草、かれたはっぱを見つけたら、とりのぞく

## 水をやる

- 土を見て、ひょうめんがかわいていたらやる
- プランターのそこからながれ出るまで、たっぷりかける
- 夏は、朝か夕方のすずしいときにやる
- はっぱやくきにかからないようにする

## しちゅうを立てる

ピーマン

- たおれないように、ささえるぼうが「しちゅう」
- ひもで、くきをしちゅうにむすぶ
- のびてきたら、上でもむすぶ

18ページを見よう

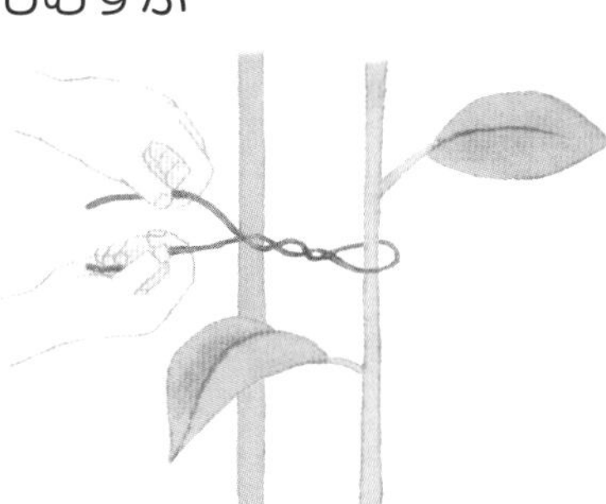

## わきめをとる

ピーマン

- はっぱのつけねから出る、新しいめが「わきめ」
- いちばんさいしょにさいた花の下のわきめは手でつみとる

19ページを見よう

## ひりょうをまく

ピーマン オクラ

- 土にまく、やさいのえいようが「ひりょう」
- みがついたら、2週間に1回ひりょうをまく

21、27ページを見よう

## せわをするときに気をつけること

### よごれてもいいふくをきよう

土や植物にさわるので、よごれてしまうことがあります。

### おわったら手をあらおう

土がついていなくても、せわをしたら手をよくあらいましょう。

ピーマンをそだてよう

1日目

# なえをうえよう

小さなポットに入ったなえを、プランターやはたけにうえかえます。うえたらすぐ、「かりしちゅう」という、ぼうを立ててささえます。

高さをはかっておこう
はっぱはどんな形？
なえを上や下からも見てみよう
くきやはっぱをさわってみよう

# かんさつカードをかこう

**気がついたことや気になったことを、どんどんかきこもう。**

## かんさつのポイント

**1 じっくり見る**　大きさ、色、形などをよく見よう。はっぱはどんな色で何まいある？

**2 体ぜんたいでかんじる**　くきやはっぱは、つるつるしているかな、ざらざらかな？　さわったり、かおりをかいだりしてみよう。

**3 くらべる**　きのうとくらべてどこがちがう？　友だちのピーマンともくらべてみよう。

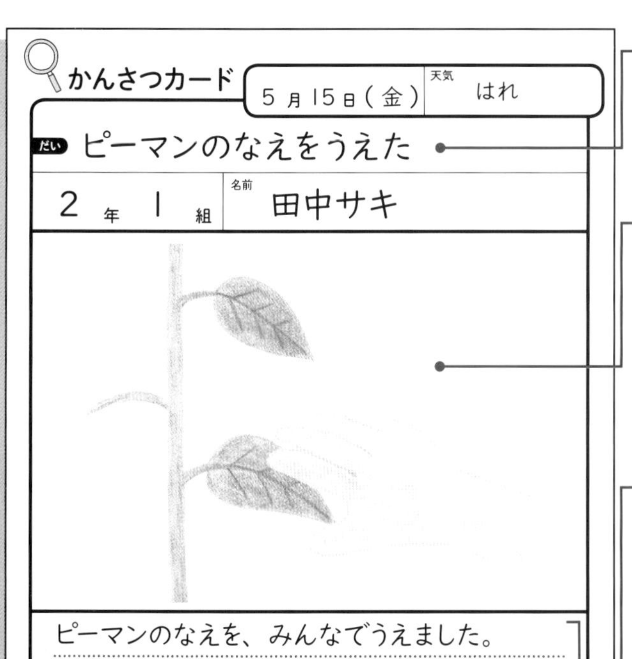

かんさつカード

| 5月15日(金) | 天気 はれ |
|---|---|

だい　ピーマンのなえをうえた

| 2年1組 | 名前 田中サキ |
|---|---|

ピーマンのなえを、みんなでうえました。はっぱのかたちは、少し細長くて、さわるとつるつるとしていました。なえの高さをはかると18センチメートルでした。早く大きくなってみができるといいな、と思いました。

### だい

見たことやしたことを、みじかくかこう。

### 絵

はっぱはどんな形で、どんな色をしているかなど、「かんさつのポイント」を参考にしながら絵をかこう。気になったところを大きくかいてもいいね。

### かんさつ文

その日にしたことや、かんさつしたことをつぎの順番でかいてみよう。

- **はじめ** その日のようす、その日にしたこと
- **なか** かんさつして気づいたこと、わかったこと
- **おわり** 思ったこと、気もち

**この本のさいごに「かんさつカード」があります。コピーしてつかおう。**

# なえのうえ方

ここでは、プランターにうえる方法をしょうかいします。

## 1 プランターに土を入れる

スコップをつかって、プランターのそこのほうに土（ばいよう土）を入れます。

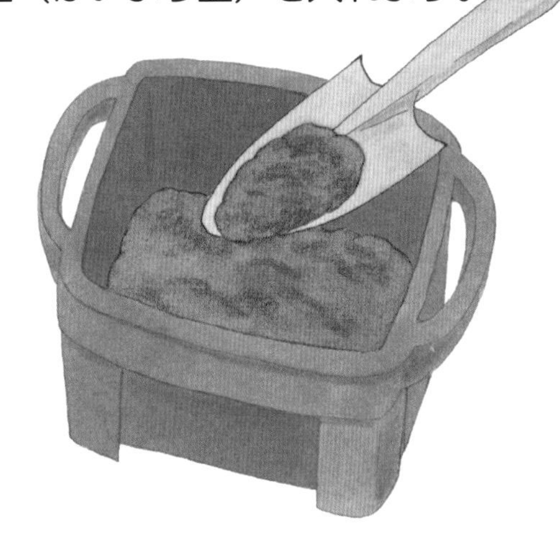

### どれくらい土を入れるの？

なえをおいて、なえの土がプランターのふちから2cm下になるくらいにしよう。

ふちから2cm下になるように

なえ

土

## 2 ポットからなえを出す

左手でポットを持ち、右手でなえをうけとります。なえがおれないように、そっと取り出します。

土をくずすと、ねがいたむぞ。ねをさわらないようにしよう

右手のゆびでくきのねもとをはさむ

ゆっくりひっくりかえす

そっととり出す

## 3 まん中になえをおき、さらに土を入れる

プランターになえがまっすぐに立つようにおき、まわりにスコップで土を入れます。なえとまわりの土がたいらになるようにします。

土にでこぼこがあると、
水やりのあと
水たまりになって、
うまくいきわたら
ないぞ

## 4 水をやる

じょうろに水を入れて、はっぱやくきにかからないように気をつけながら土の上にかけます。プランターのそこから水がながれ出てくるまで、たっぷりかけます。

うえてすぐ
〜1週間
くらい

## かりしちゅうの立て方

なえにそわせて、ななめ45度で土にかりしちゅうをさします。ひもで、くきをかりしちゅうにむすび、なえをささえます。

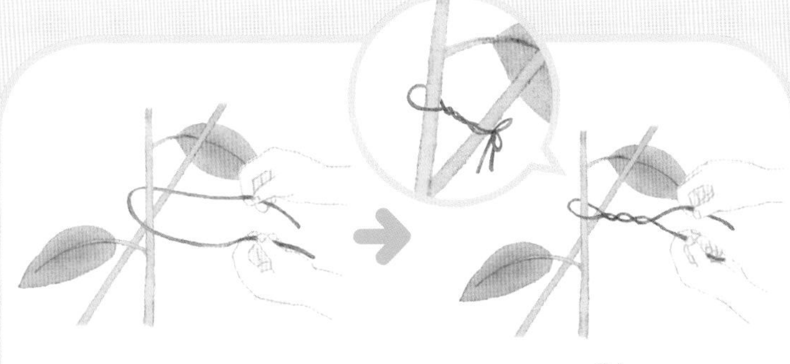

ななめにかりしちゅうをさし、ひもをくきにかける

ゆるく3〜4回ねじったあと、かりしちゅうにむすぶ

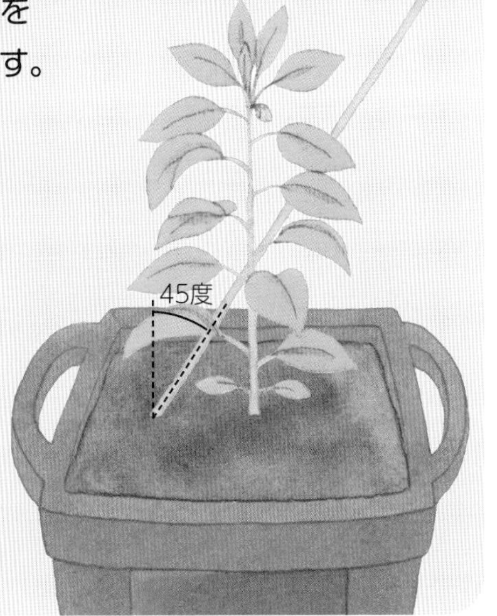

うえてから3〜4週間くらい

花がさいたら、「わきめ」と「いちばんか」をつみとります。高さが30〜40cmになるころ、「しちゅう」を立てて、くきをささえます。

# 花がさいた！

つぼみ
がく
花びら
においはするのかな？
花びらは何まいある？
このあとどうなるのかな?
おしべのまわりにめしべがあるんだね

# 花をかんさつしてみよう

つぼみができてから花がさくまでのようすを、順番に見てみましょう。

## この時期のピーマン

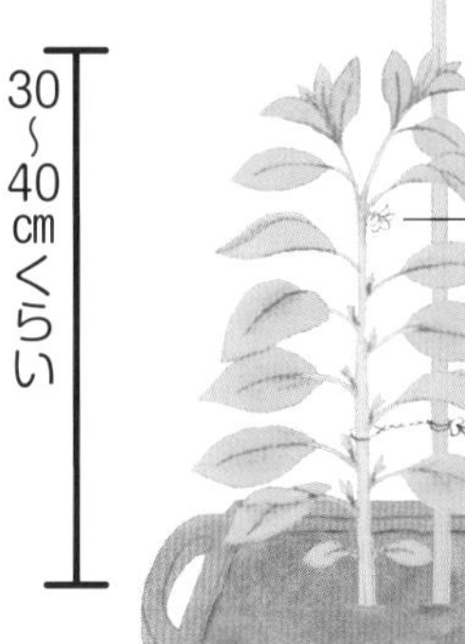


## 花のうつりかわり

①つぼみがついた

②つぼみが大きく、ふくらんできた

めしべのまわりに、5〜6本のおしべがあるよ

③花びらがひらいた

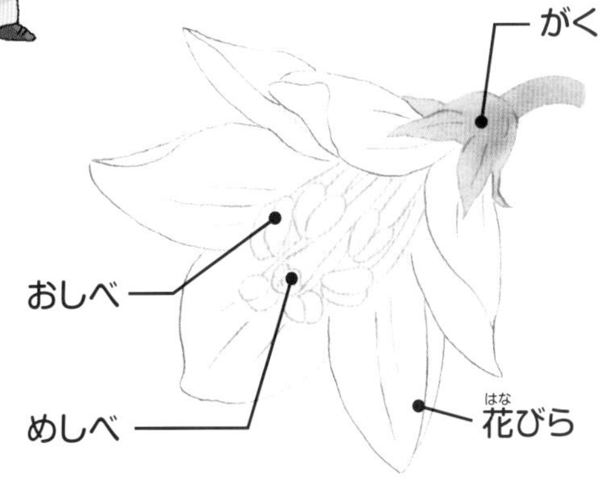


## かんさつカードをかこう

かんさつカード　6月10日（水）　天気　くもり

だい　白い花がさいた

2年　1組　名前　田中サキ

白い花がさいていました。花びらを数えたら6まいありました。ピーマンの花は、はじめて見たけれど、とてもきれいだと思いました。下むきにさいているので、おじぎをしているみたいでかわいいです。

# しちゅうの立て方

せがのびたピーマンをしっかりささえるため、
「かりしちゅう」をはずして、「しちゅう」にかえます。

## 1 土にしちゅうをさす

くきから5～10cmはなして、しちゅうをまっすぐにさします。たおれないように、20cm以上さしましょう。

## 2 ひもでくきを しちゅうにむすぶ

30cmくらいのひもで、くきをしちゅうにむすびます。くきが上にのびて、2本にえだわかれしたら、やや太いほうのくきをえらんで、しちゅうにむすびます。

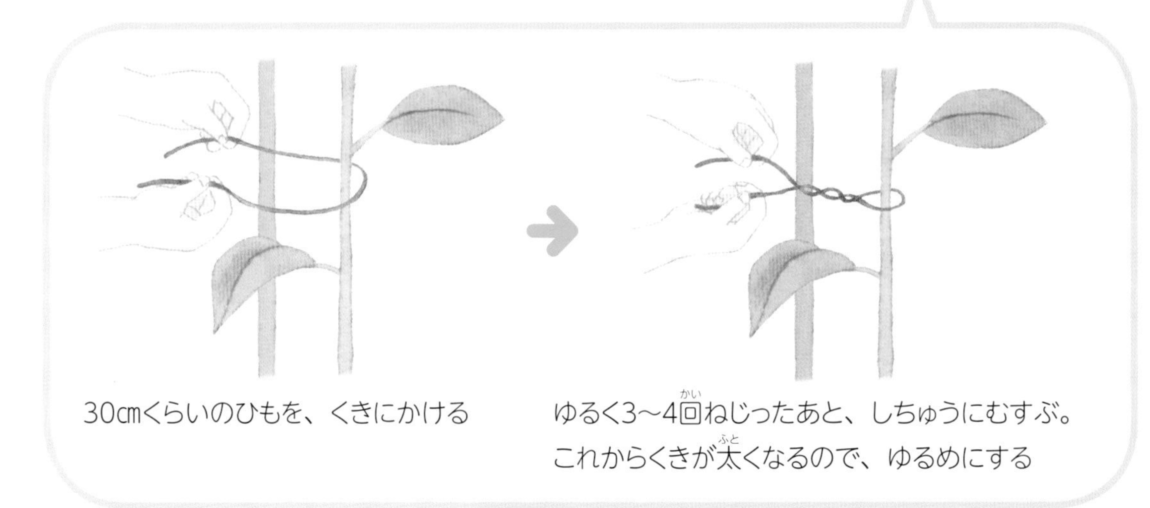

30㎝くらいのひもを、くきにかける

ゆるく3～4回ねじったあと、しちゅうにむすぶ。
これからくきが太くなるので、ゆるめにする

# 「わきめ」と「いちばんか」のとり方

ピーマンを大きくするためのえいようがとられないように、早めにつみとります。

## わきめのとり方

はっぱのつけねから出てくる、新しい小さなはっぱが「わきめ」です。いちばんさいしょにさいた花より下に出たわきめは、すべてゆびでつみとります。

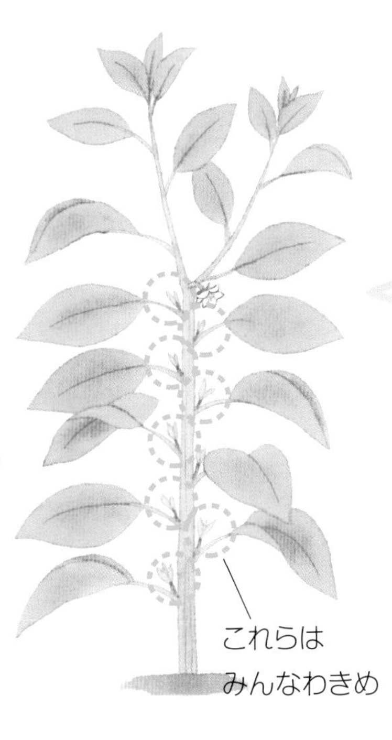

わきめはゆびでつみとる

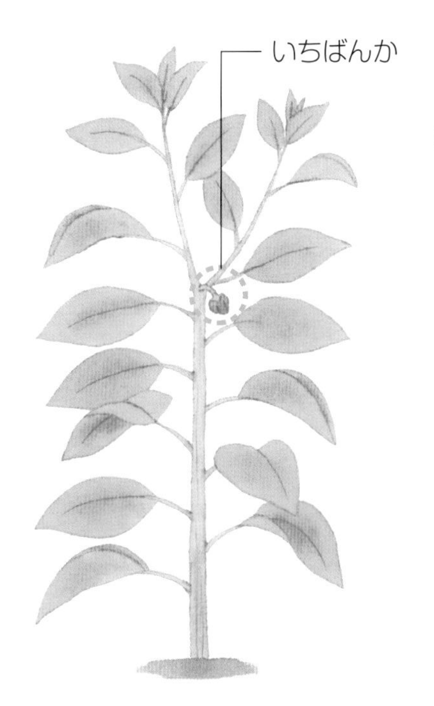


## いちばんかのとり方

花がさいて、いちばんさいしょにできるみを「いちばんか」といいます。えいようがとられてしまうので、いちばんかは小さいうちにゆびでつみとります。

うえてから
5～6週間
くらい

# みがついた！

花がかれたあとに、みができます。このころ、みを大きくするために、ひりょうをやります。

みはどんな形かな？

み

どんなさわりごこち？

ひりょうをまいたら水をやるんだって

み

みを大きくするのにえいようが必要なのじゃ

# ひりょうのやり方

ひりょうは、やさいのごはんです。かならずやりましょう。

## 1 土の上にまく

ひりょうを、くきからはなしてまき、土とかるくまぜます。

1かしょに
かたよらないように
まくんだぞ


### どのくらいひりょうをやるの?

ひりょうにはやさいがそだつのにひつようなえいようがつまっています。みが大きくなるときは、えいようをたくさんつかうので、2週間に1度、ひりょうをやります。

## 2 水をやる

プランターのそこからながれ出るまで、水をやります。水をかけると、えいようがとけて土にしみこみます。

はっぱやくきに
かからないように
やるんだワン!

うえてから
7～8週間
くらい

# みが大きくなってきた！

みは少しずつ大きくなっていきます。新しい花がさいて、小さなみもつぎつぎにできます。

花のがくが、ピーマンのヘタになるんだって
みをそっとさわってみよう
ヘタはどんな形かな？

# みをかんさつしてみよう

花からみになるところを、順番にかんさつしてみましょう。
小さなみは、少しずつ大きくなっていきます。

## 花からみへのうつりかわり

①花がかれおち、小さなみができた

②だんだんみがふくらんできた

③形がしっかりしてきた

かれた花びらが
ついたまま
みができることも
あるんだって

花びらがのこっている

かんさつカードをかこう

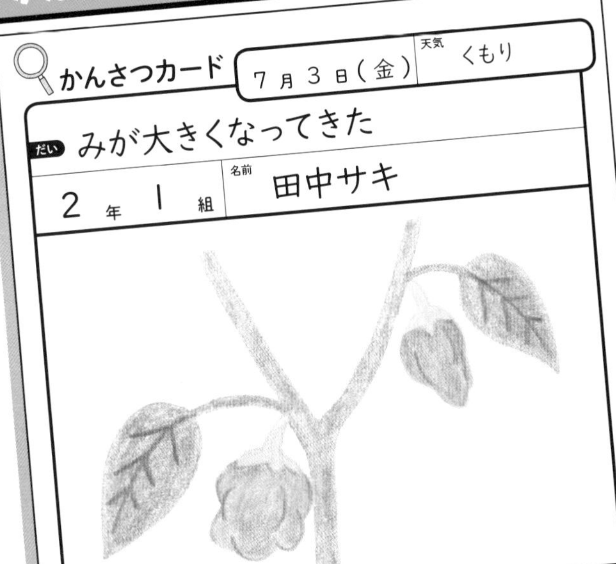

かんさつカード
7月3日(金)
天気 くもり
だい みが大きくなってきた
2年 1組
名前 田中サキ
小さかったみが、どんどん大きくなってきました。でこぼこしているものや、細長いもの、いろいろな形があって楽しいです。「あともう少しまつと、しゅうかくできるね」と名人が教えてくれました。しゅうかくがとても楽しみです。

うえてから
9〜10週間
くらい

# しゅうかくしよう

みが6〜7cmになったら、しゅうかくします。はじめの2〜3こは、小さいうちにはさみで切りとりましょう。

しゅうかくには
はさみを
つかうんだね
みの大きさは
こまめに
かくにんしよう

# しゅうかくの仕方

**長さが６～７㎝になったら、早めにしゅうかくしましょう。こまめにとると、たくさんのみをしゅうかくできます。**

## はさみでヘタの上を切る

しゅうかくするときは、みを手でもち、はさみをつかってヘタの上を切りとります。

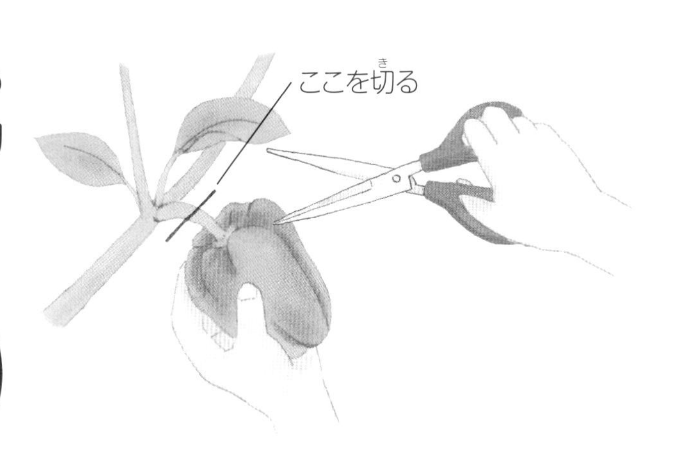

はっぱやくきをきずつけないように気をつけて、ていねいにしゅうかくするんだワン！


### みをへらす

たくさんのみをつけているときは、数をへらしましょう。元気で大きいみをえらんでのこし、そのほかは小さいうちに手でつみとりましょう。
ピーマンは、くきがおれやすいので、ていねいにつみとります。
つみとったみは食べられます。
ひりょうは2～3週間に1回足しましょう。

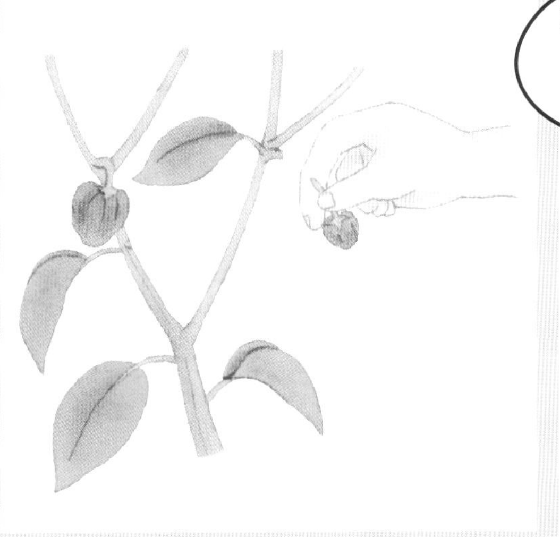

たくさんのみがあると、きちんとえいようが行きわたらないぞ

# オクラをそだてよう

**オクラは、4〜5月ごろになえをうえると、6月のおわりにしゅうかくできます。**

スタート!
1日目

## なえをうえよう

**プランターにうえる方法をしょうかいします。**

### 1 土を入れて、ポットのなえをうつす

❶スコップをつかって、プランターに土を入れます。
❷ポットからとり出したなえを、まっすぐ立つようにおきます。
❸まわりにスコップで土を入れます。

くわしいうえ方は
14ページを
見よう

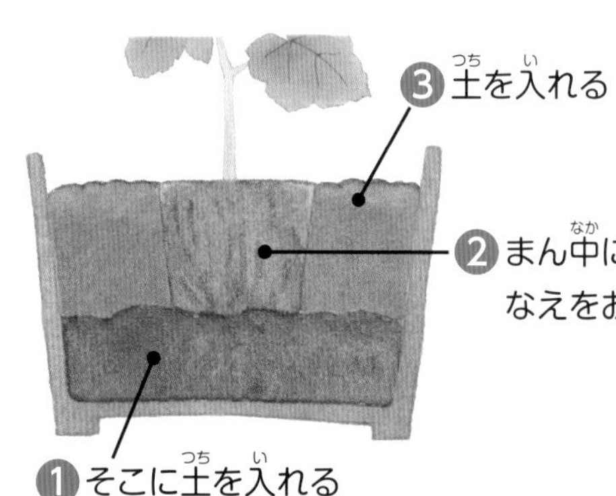
❸土を入れる
❶そこに土を入れる

❷まん中に
なえをおく

### 2 水をやる

じょうろに水を入れて、土の上にかけます。できるだけはっぱやくきにかからないようにし、プランターのそこからながれ出てくるまでたっぷりかけます。

うえてから
4～5週目
くらい

# 花がさいた！

**花がさき、みができてきたら、ひりょうをやりましょう。いっしょに水もやりましょう。**

## 1 花がさいたらひりょうをやる

このころ、ひりょうをやりましょう。ひりょうは、くきからはなしてまき、土とかるくまぜたら、水をやります。

オクラの花は朝にさいて
その日の午後にはしぼみます。
見つけたら、すぐかんさつしよう

## 2 みの大きさをチェックする

オクラは、花がおちてから３～４日後にはしゅうかくできる大きさになります。花がさいてからみができるまでが早いので、とりおくれないように気をつけましょう。

みの大きさは
毎日チェック
するんだワン

うえてから
5〜6週目
くらい

# しゅうかくしよう

みの長さが7〜8cmになったら、
しゅうかくしましょう。

## 1 くきをはさみで切る

はさみでくきを切りとってしゅうかくします。みは、みるみる大きくなるので、とりおくれないように気をつけましょう。

それ以上大きくなると
かたくなってしまうぞ。
早くしゅうかくするんじゃ

## 2 しゅうかくしたら、下のはっぱを切りおとす

みをしゅうかくしたら新しいはっぱやみにえいようをとどけるため、みのすぐ下のはっぱをのこし、それより下のはっぱをねもとからはさみで切りおとします。そうすると、長くしゅうかくできます。

風通しがよくなるから、
虫もつきにくくなるよ

# 花とみをかんさつしてみよう

## かんさつのポイント

1 花はどんなようすかな？

2 花がかれたらどうなる？

3 みはどんな形かな？

4 みをさわってみよう

## かんさつカードを書こう

かんさつカード　7月15日（水）　天気　はれ

だい　オクラの花がさいた

2年　1組　名前　田中サキ

朝見たときには花がさいていたのに、夕方にはおちていました。すぐに花がかれてしまって、かなしかったけれど、よく見ると小さなみができていたのでうれしかったです。つぼみもあるので、またあしたきれいな花がさくといいな。

みは3 ～ 4日で
大きくなるんだね
よく見ると、
みに毛がはえて
いるよ

すぐできる！
# やさいパーティのレシピ
しゅうかくしたピーマンで、かんたんおやつにちょうせん！

できあがり 15分(ふん)くらい

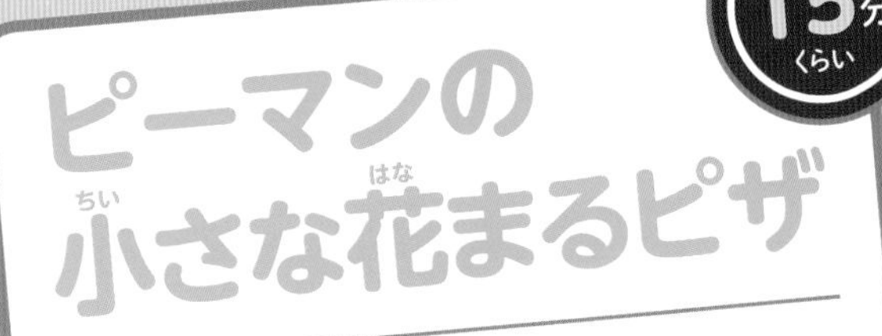

## ピーマンの小(ちい)さな花(はな)まるピザ

はなやかでパーティにぴったり。
小(ちい)さいけれど、食(た)べごたえたっぷりです。

ピーマンの輪切(わぎ)りは、
お花(はな)みたいに
かわいい形(かたち)だね！

## ようぃするもの

**材料(4まい分)**

- □ピーマン　小3分の2こ
- □ぎょうざのかわ　4まい
- □ピザ用チーズ　大さじ4くらい
- □ツナのかんづめ(小)　2分の1こ(35グラム)
- □ケチャップ　小さじ4くらい

ピザ用のチーズは、とろけるチーズでもいいね!

**道具**

- □計りょうスプーン(大さじ、小さじ)
- □まないた
- □ほうちょう
- □スプーン

◎やくときは、トースター(1000ワット)をつかう

# つくり方

## 1 ピーマンをよこに切る

ピーマンは下の方からうすい輪切りにする。

## 2 かわにケチャップをぬる

トースターの天板にぎょうざのかわをならべ、スプーンでぎょうざのかわにケチャップをぬる。

## 3 具をのせる

**2**にチーズ、しるを切ったツナをのせる。

ピーマンを3まいずつのせる。

## 4 トースターでやく

**3**をトースター（1000ワット）に入れ、かわのまわりが茶色くカリッとなるまで8分ほどやく。

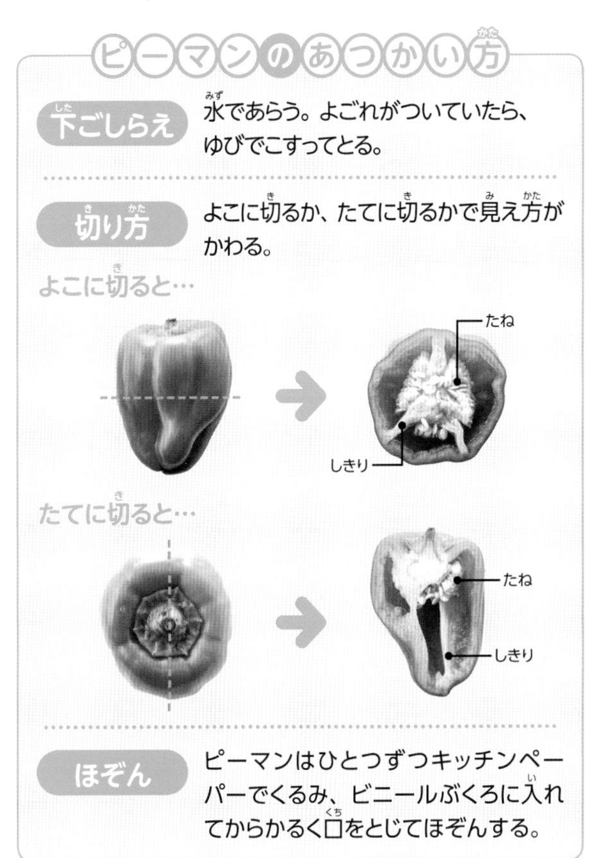

### ピーマンのあつかい方

**下ごしらえ**　水であらう。よごれがついていたら、ゆびでこすってとる。

**切り方**　よこに切るか、たてに切るかで見え方がかわる。

よこに切ると…

たてに切ると…



**ほぞん**　ピーマンはひとつずつキッチンペーパーでくるみ、ビニールぶくろに入れてからかるく口をとじてほぞんする。

※ほうちょうは大人がいるときにつかおう

できあがり 15分くらい
カップになっている ピーマンも 食べられるんだね！
カールマカロニは パスタの なかまだよ！

# ピーマンカップのパスタサラダ

マカロニサラダといっしょなら、
ピーマンが丸ごとおいしく食べられます。

## よういするもの

**材料（2こ分）**

- □ピーマン　小2こ
- □カールマカロニ（早ゆで・みじかいもの）　20グラム
- □スライスハム　1まい
- □ミニトマト　1こ
- □マヨネーズ　大さじ1

**道具**

- □はかり
- □計りょうスプーン（大さじ）
- □まないた
- □ほうちょう
- □小なべ
- □あなじゃくし
- □ざる
- □ボウル
- □スプーン

◎ゆでるときは、ガスこんろをつかう

# つくり方

## 1 ピーマンカップをつくる

ピーマンは上から2cmのところで切って、上をふた、下をカップにする。

手で、中のたねをとりのぞく。

カップ
★
★
★
★の部分を、
ゆびでちぎろう
ふた

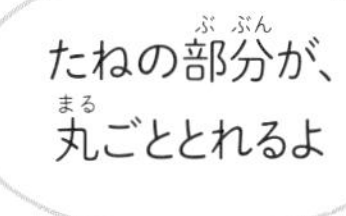

たねの部分が、
丸ごととれるよ

## 2 ハムとミニトマトを切る

ハムとミニトマトは、ほうちょうで小さく切る。

## 3 ピーマンをゆでる

小なべに水を入れて、強火にかける。ふっとうしたら中火にして、ピーマンを入れる。1分ゆでたら、あなじゃくしですくって水を切る。なべはそのままにしておく。

## 4 マカロニをゆでる

3の小なべにマカロニを入れる、パスタのふくろに書いてある時間(2〜4分ほど)ゆでる。ざるに上げて、つめたい水を入れたボウルに入れる。さめたらざるに上げて水を切る。

## 5 具をまぜて ピーマンカップにつめる

パスタ、ハム、マヨネーズをボウルに入れてスプーンでまぜる。

3のカップにつめて、しあげにミニトマトをかざる。

※ほうちょうや火は、大人がいるときにつかおう

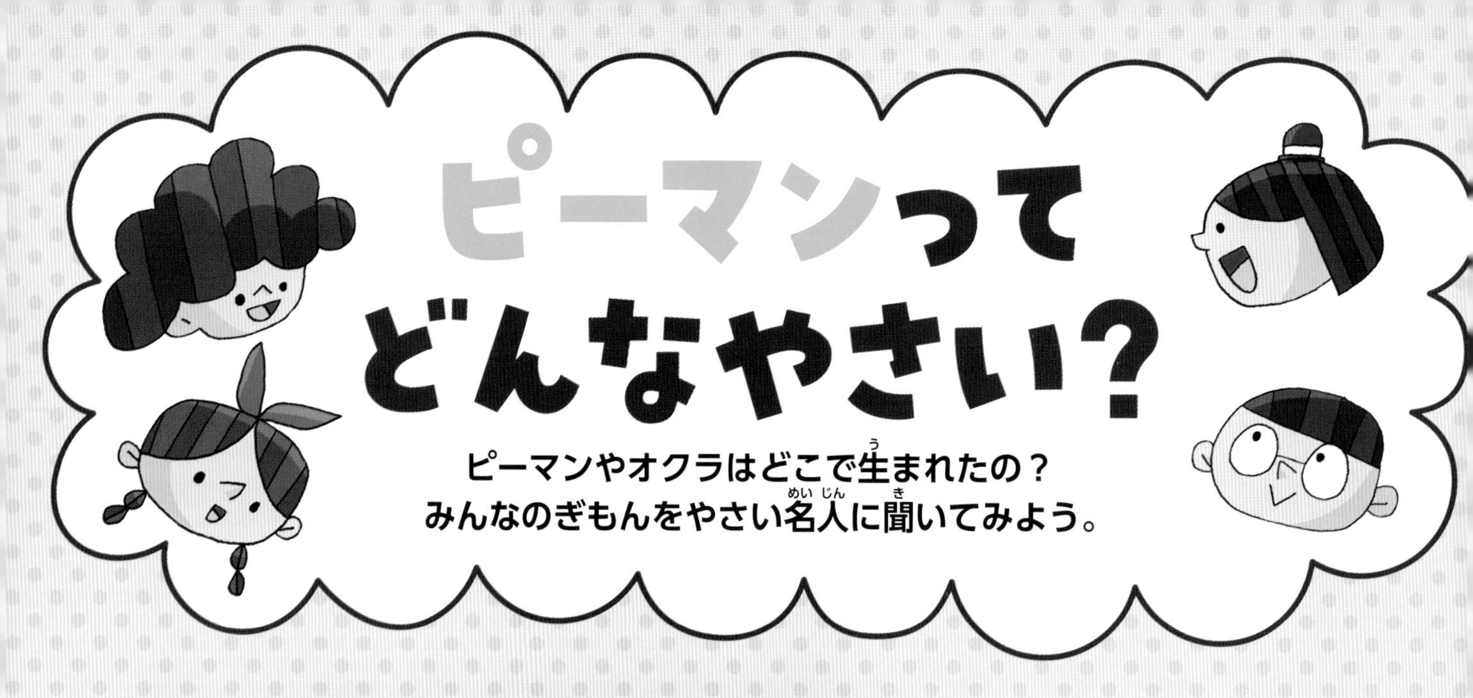

# ピーマンってどんなやさい?

ピーマンやオクラはどこで生まれたの？
みんなのぎもんをやさい名人に聞いてみよう。

## ピーマンはどこで生まれたの?

**南アメリカじゃ**

ピーマンはトウガラシと同じなかまの植物です。南アメリカに生えていたトウガラシが、ヨーロッパにつたわったときに、からさをなくすように、つくりかえられて、ピーマンが生まれました。日本には明治時代にやってきましたが、よく食べられるようになったのは、70年くらい前からといわれています。

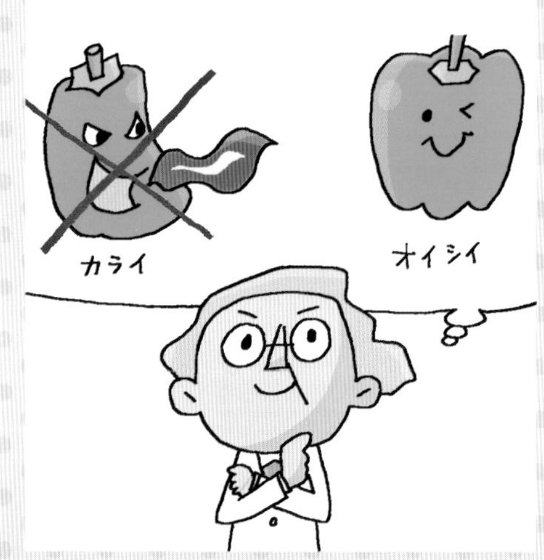

## ピーマンはどうしてにがいの?

**クエルシトリンという成分があるからじゃ**

クエルシトリンという成分があるからといわれています。にがみやにおいがあるのは、鳥や動物に食べられないようにするためだと考えられています。

## ピーマンとトウガラシはなかまなの？

### 同じなかまの植物だよ

小さくてからいものを「トウガラシ」、小さくてからくないものを「シシトウ」、中くらいでからくないものを「ピーマン」、大きくてみがあついものを「パプリカ」とよび、みんな同じなかまの植物です。ピーマンはじゅくすと「赤ピーマン」になります。「パプリカ」は赤・黄色・オレンジのほか、白・むらさきなどの色もあります。

ピーマンの花とトウガラシの花は、色も形もそっくりだね

## オクラってどんなやさい？

### どこで生まれたの？

### アフリカ生まれ

オクラは、アフリカで生まれたといわれています。気温の高いところでそだつやさいで、およそ2000年前のエジプトでもそだてられていたようです。

### いつ日本にきたの？

### 明治時代だよ

日本には、明治時代に入ってきましたが、そのころは、食べる人が少なかったようです。近年になってから、よく食べられるようになりました。

### なぜみに毛がはえているの？

### がい虫からみをまもるためだよ

アブラムシなどのがい虫がよりつかないようにするためと考えられています。毛がはえているところは、虫にとって歩きにくいので、すぐにはなれていきます。

## 時間をかけてそだてる
# 赤ピーマンにチャレンジ!

ピーマンは、みどり色のうちにしゅうかくすることが多いのですが、つけたままにしておくと、色がかわってきます。今そだっているピーマンを赤ピーマンにすることもできます。みの数をへらしてつくりましょう。

赤ピーマンは
あまみがあって
サラダで食べても
おいしいぞ

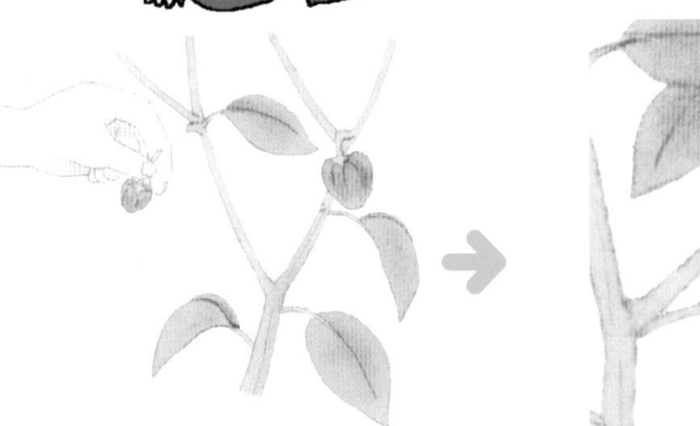

**1** みがたくさんついたら、小さいうちに数をへらします。はっぱ3～4まいおきに、みを1つにします。

**2** みの長さが6～7cm以上になっても、しゅうかくせずにつけたままにします。2週間に1回、ひりょうをやり、水やりもわすれずにしましょう。

**3** みどりから赤へ、だんだん色がかわります。きれいな赤になったら、しゅうかくしましょう。

# こんなとき、どうするの?

そだてているピーマンやオクラのようすがおかしいと思ったら、ここを見てね。すぐに手当てをしましょう。

## ピーマン みが大きくならない!

### ひりょうが足りません。

ひりょうをあげたのはいつかな？　みを大きくするためにはえいようが必要です。一回やっても、水やりでながれてしまうので、ひりょうを足します。2週間に1回、わすれずにやりましょう。

## ピーマン くきのわかれめが黒くなってしまった!

### 大じょうぶです。

くきのわかれめが黒いのは、ピーマンがもっている「アントシアニン」という色の成分のためです。病気ではないので、安心してください。

ピーマン

## みの一部だけ色がかわってしまった！

### カルシウム不足ですね。

ピーマンに出やすい「しりくされしょう」です。土の中のカルシウムが足りないとおこります。カルシウムがあっても土がかわいていると、うまくとり入れられないことがあります。水もしっかりやりましょう。

こまった！4

ピーマン

## みが赤黒くなってきてしまった！

### もんだいありません。

これは赤ピーマンになる前の色です。赤ピーマンのそだて方は、36ページを見てください。

こまった！5

ピーマン オクラ

## アブラムシがついてしまった！

### すぐにとりのぞきましょう。

アブラムシは、たくさんあつまってくきやはっぱにつき、しるをすいます。さらに、いろいろな病気をはこんでくるので、見つけたらすぐにとりのぞきます。筆で、はらうとよいでしょう。テントウムシがいたら、アブラムシを食べてくれますよ。

## カメムシがついてしまった

### すぐにとりのぞきましょう。

カメムシは、くきやはっぱにつき、しるをすいます。たくさんしるをすわれたやさいは形（かたち）がかわってしまったり、うまくそだたなくなったりするので、すぐにとりのぞきましょう。

こまった! 7 ピーマン オクラ

## はっぱに白（しろ）いこながふいたようになった!

### 「うどんこびょう」ですね。

うどんこ（白（しろ）いこな）がついたようになる病気（びょうき）ですが、はっぱをとりのぞけば大（だい）じょうぶです。とりのぞいたはっぱは、すぐにすてます。近（ちか）くにおいておくと、ほかのはっぱに、うつってしまいます。

こまった! 8 オクラ

## くきやはっぱに、小（ちい）さなとうめいのつぶつぶがついている!

### 大（だい）じょうぶです。

オクラがもっている「ムチン」というネバネバ成分（せいぶん）です。とりのぞく必要（ひつよう）はありません。そのままにしておきましょう。

●監修
塚越 覚（つかごし・さとる）
千葉大学環境健康フィールド科学センター准教授

●栽培協力
加藤正明（かとう・まさあき）
東京都練馬区農業体験農園「百匁の里」園主

●料理
中村美穂（なかむら・みほ）
管理栄養士、フードコーディネーター

●デザイン　山口秀昭（Studio Flavor）
●キャラクターイラスト・まんが・挿絵　イクタケマコト
●植物・栽培イラスト　小春あや
●栽培写真　渡辺七奈
●表紙・料理写真　宗田育子
●料理スタイリング　二野宮友紀子
●DTP　有限会社ゼスト
●編集　株式会社スリーシーズン
（奈田和子、土屋まり子、吉原朋江）

◆写真協力
ピクスタ、フォトライブラリー

**毎日かんさつ！　ぐんぐんそだつ**
**はじめてのやさいづくり**
**4 ピーマン・オクラをそだてよう**

発行　2020年４月　第１刷
　　　2023年９月　第２刷

監　修　塚越　覚
発行者　千葉　均
編　集　柾屋洋子
発行所　株式会社ポプラ社
　　　　〒102-8519　東京都千代田区麹町4-2-6
　　　　ホームページ　www.poplar.co.jp
印　刷　今井印刷株式会社
製　本　大村製本株式会社

ＩＳＢＮ978-4-591-16507-2
N.D.C.626　39p 27cm
Printed in Japan
P7216004

毎日かんさつ! ぐんぐんそだつ

# はじめてのやさいづくり

全8巻

監修：塚越 覚（千葉大学環境健康フィールド科学センター准教授）

1 ミニトマトをそだてよう

2 ナスをそだてよう

3 キュウリをそだてよう

4 ピーマン・オクラをそだてよう

5 エダマメ・トウモロコシをそだてよう

6 ヘチマ・ゴーヤをそだてよう

7 ジャガイモ・サツマイモをそだてよう

8 冬やさい（ダイコン・カブ・コマツナ）をそだてよう

N.D.C.626（5巻のみ616）　各39ページ　A4変型判　オールカラー
図書館用特別堅牢製本図書

# おしえて！かんさつカードのかき方

**かんさつのポイント**

1. **じっくり見る**　大きさ、色、形などをよく見よう。
2. **体ぜんたいでかんじる**　さわったり、かおりをかいだりしてみよう。
3. **くらべる**　きのうのようすや、友だちのピーマンともくらべてみよう。

右ページの「かんさつカード」をコピーしてつかおう。

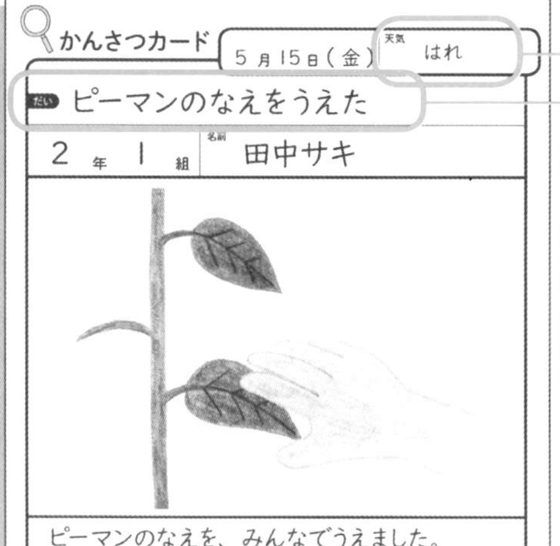

かんさつカード　5月15日（金）　天気 はれ

だい ピーマンのなえをうえた

2年 1組　名前 田中サキ

ピーマンのなえを、みんなでうえました。はっぱのかたちは、少し細長くて、さわるとつるつるとしていました。なえの高さをはかると18センチメートルでした。早く大きくなってみができるといいな、と思いました。

## 天気

マークでかいたり、気温をかいたりするのもいいね。

## だい

見たことやしたことを、みじかくかこう。

かんさつカードで記録しておけば、どんなふうに大きくなったかよくわかるワン！

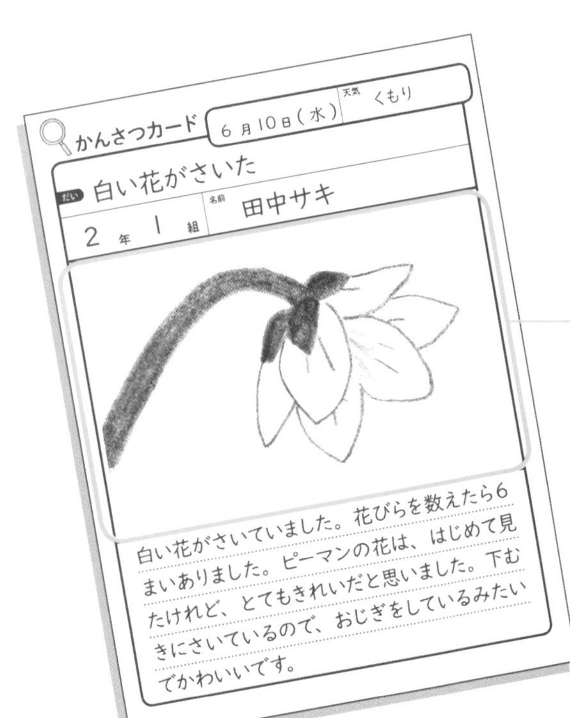

かんさつカード　6月10日（水）　天気 くもり

だい 白い花がさいた

2年 1組　名前 田中サキ

白い花がさいていました。花びらを数えたら6まいありました。ピーマンの花は、はじめて見たけれど、とてもきれいだと思いました。下むきにさいているので、おじぎをしているみたいでかわいいです。

## 絵

はっぱ・花・みの形や色はどんなかな？よく見て絵をかこう。気になったところを大きくかいてもいいね。

かんさつカード　7月3日（金）　天気 くもり

だい みが大きくなってきた

2年 1組　名前 田中サキ

小さかったみが、どんどん大きくなってきました。でこぼこしているものや、細長いもの、いろいろな形があって楽しいです。「あともう少しまつと、しゅうかくできるね」と名人が教えてくれました。しゅうかくがとても楽しみです。

## かんさつ文

その日にしたことや、気がついたことをつぎの順番でかいてみよう。

- **はじめ**　その日のようす、その日にしたこと
- **なか**　かんさつして気づいたこと、わかったこと
- **おわり**　思ったこと、気もち